AF463476

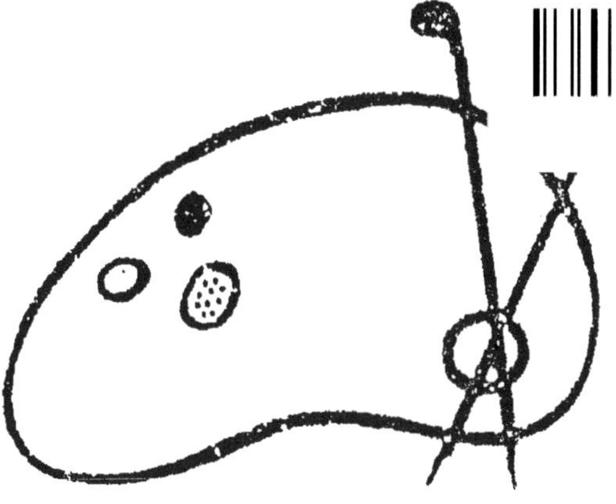

Début d'une série de documents
en couleur

N° 99 Prix : 10 centimes.

SCIENCE

LES PILES MODERNES

L. BOULANGER, éditeur, 90, boul. Montparnasse, PARIS.

LE LIVRE POUR TOUS

POUR PARAITRE

101. **Politique** : J.-J. ROUSSEAU. *Le contrat social.*
102. **Politique** : MIRABEAU. *Opinions et discours.*
103. **Physique** : *Les machines électriques,* tome I.
104. **Physique** : *Les machines électriques,* tome II.
105. **Littérature** : DANTON. *Discours.*
106. **Littérature** : DÉSAUGIERS. *Chansons.*
107. **Science** : *Les moteurs hydrauliques,* tome I.
108. **Science** : *Les moteurs hydrauliques,* tome II.
109. **Littérature** : RACINE. *Les Plaideurs.*
110. **Littérature** : VOLTAIRE. *Candide.*
111. **Littérature** : VOLTAIRE. *Candide.*
112. **Littérature** : J.-J. ROUSSEAU. *L'enfance.*
113. **Littérature** : DIDEROT. *Ce n'est pas un conte.*
114. **Littérature** : THIERS. *Le 18 mars.*
115. **Littérature** : BARBÈS. *Deux jours de condamnation à mort.*
116. **Littérature** : DIDEROT. *Les deux moines.*
117. **Littérature** : BEAUMARCHAIS. *Le mariage de Figaro,* tome I.
118. **Littérature** : BEAUMARCHAIS. *Le mariage de Figaro,* tome II.
119. **Littérature** : BEAUMARCHAIS. *Le mariage de Figaro,* tome III.
120. **Littérature** : LAMENAIS. *Le livre du peuple.*
121. **Littérature** : X. DE MAISTRE. *La jeune Sibérienne,* tome I.
122. **Littérature** : X. DE MAISTRE. *La jeune Sibérienne,* tome II.
123. **Littérature** : LONGUS. *Daphnis et Chloé,* tome I.
124. **Littérature** : LONGUS. *Daphnis et Chloé,* tome II.
125. **Littérature** : LONGUS. *Daphnis et Chloé,* tome III.
126. **Littérature** : VOLTAIRE. *Poésies.*
127. **Littérature** : CORNEILLE. *Le menteur,* tome I.
128. **Littérature** : CORNEILLE. *Le menteur,* tome II.
129. **Littérature** : RABELAIS. *Gargantua,* tome I.
130. **Littérature** : RABELAIS. *Gargantua,* tome II.
131. **Littérature** : RABELAIS. *Gargantua,* tome III.
132. **Littérature** : CAMILLE DESMOULINS. *La Lanterne,*
133. **Littérature** : CARNOT. *La révolution française.*

Les nécessités du tirage peuvent amener quelques modifications à cette liste. Les 50 volumes suivants seront publiés ultérieurement. La collection comprendra tout ce qu'il est utile de savoir. — Chaque mois le dernier volume de la dizaine parue porte la liste de la dizaine à paraître. — Il paraît deux volumes par semaine, le jeudi et le dimanche. — Les dix premiers volumes sont envoyés *franco* moyennant **1 fr. 25** à toute personne qui en fait la demande.

Les personnes qui nous demanderont les dix premiers volumes recevront, à titre de **prime**, un *élégant cartonnage* permettant de lire chaque volume sans le froisser. S'adresser chez l'éditeur. — On peut s'abonner soit chez l'éditeur, soit chez les libraires et marchands de journaux.

Ces volumes se trouvent chez tous les libraires au prix de **10** centimes chacun.

Dans le cas où on ne pourrait se les procurer, l'éditeur reçoit des abonnements au prix de **1 fr. 25** la série de 10 et de **6** francs la série de 50 volumes.

Ces prix comprennent le port. Dans ce cas les volumes sont expédiés **2 à la fois** le samedi de chaque semaine. — Les volumes parus peuvent toujours être fournis d'un seul coup et immédiatement.

10 centimes le numéro.

LE LIVRE POUR TOUS

Aujourd'hui un livre, quel qu'il soit, ne peut compter sur un grand succès durable que s'il est tellement *bon marché* que tout le monde puisse l'acheter sans compter, s'il est *tellement intéressant* et utile, que tout le monde dise : « *Je veux le lire, l'avoir et le garder.* »

Or il n'y a pas de livres d'un intérêt plus réel, d'une utilité plus pratique et plus constante que ceux qui fournissent des *renseignements précis et complets* sur ce que tout le monde veut savoir et doit connaître.

Mais ces livres d'information et de référence ne sont vraiment bons qu'à la condition d'être des guides toujours sûrs, des conseillers toujours prêts à répondre exactement aux nombreuses questions que l'on a sans cesse à résoudre. Ils doivent être méthodiques, exacts, clairs, faciles à manier, commodes à emporter partout avec soi. Ils doivent en outre constituer dans leur ensemble la meilleure et la plus parfaite des encyclopédies; et en même temps chacune de leurs parties doit former un tout distinct, de telle sorte que celui qui veut se contenter de cette partie unique y trouve tout ce dont il a besoin.

Un dictionnaire ne peut réunir ces avantages : s'il est volumineux, il est cher et par conséquent pas à la portée de tous; s'il est petit, il est restreint, et les articles en sont nécessairement écourtés, incomplets. De plus le dictionnaire renvoie d'un mot à l'autre, il ne peut se lire à la suite, il contient des redites. Les manuels, les traités sont évidemment plus utiles, mais ils sont d'ordinaire d'un prix élevé, surtout quand il s'agit de questions spéciales ou scientifiques ou techniques.

Nous avons pensé qu'il restait à créer une collection réunissant, à la fois, l'utilité des dictionnaires et celle des manuels, et d'un prix si minime que tout le monde puisse se la procurer.

Nous avons donné à cette collection un titre général disant d'un mot ce qu'elle est :

Le Livre pour tous, c'est-à-dire le livre indispensable à tout le monde, le livre auquel on doit avoir recours en toute occasion et qui mérite toute confiance.

Le Livre pour tous donne à tous les connaissances nécessaires à tous. Il est le vade-mecum de toute instruction pratique, le répertoire de toutes les sciences usuelles.

Le Livre pour tous est le livre de tous ceux qui travail-

lent, qui étudient, qui s'informent, qui veulent s'éclairer, c'est-à-dire tout le monde.

Ce qui distingue notre collection de toutes celles que l'on a publiées dans le même genre et ce qui fait sa supériorité sur toutes les compilations adressées aux lecteurs sous prétexte de vulgarisation, ce qui doit lui donner la préférence sur les dictionnaires et les manuels, c'est, nous le répétons :

1° Le *bon marché*. — Chacun de nos volumes ne coûte que 10 centimes, et contient comme texte le tiers d'un volume ordinaire de 300 pages vendu 3 fr. 50 et même de 4 à 6 francs.

2° L'*abondance et l'exactitude des renseignements*. — Chacun de nos volumes est rédigé avec le plus grand soin par des auteurs compétents d'après les travaux les plus récents et les plus autorisés.

3° La *commodité du format*. — Chacun de nos volumes peut facilement tenir dans la poche, on peut l'emporter avec soi à la promenade, le lire en voiture, en omnibus, en chemin de fer.

4° La *clarté du texte*. — Les volumes sont imprimés en caractères neufs, lisibles sans fatigue, et les matières sont disposées de telle sorte que d'un coup d'œil on trouve ce que l'on cherche.

5° La *valeur documentaire*. — Chaque volume forme un tout; mais l'ensemble des volumes forme une encyclopédie. Dans chaque volume, chaque sujet est traité à fond. De plus chaque volume est accompagné de documents, de tables de références, de tables statistiques, etc., qui sont d'un usage précieux.

Il suffit d'avoir sous les yeux un seul de nos volumes pour se rendre compte de l'importance de notre collection et des services qu'elle rend.

Tous les volumes de la collection sont rédigés avec le même soin, d'après la même méthode et dans le même but d'utilité.

N. B. Le Livre pour tous *peut être mis dans toutes les mains. C'est la meilleure récompense à donner aux élèves dans toutes les écoles. C'est la collection la plus utile à tout le monde.*

L'éditeur-gérant : L. BOULANGER.

Sceaux. — Imp. Charaire et Cie.

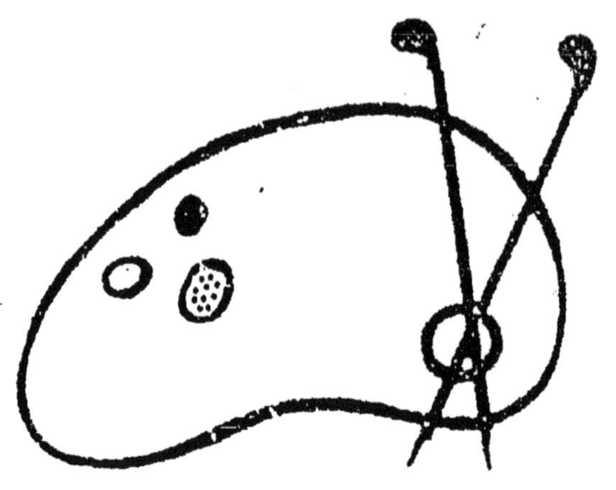

Fin d'une série de documents
en couleur

LES PILES MODERNES

LES PILES MODERNES

Maintenant que nous connaissons les piles, que l'on peut en quelque sorte appeler classiques, nous allons nous occuper des piles modernes qui en sont des perfectionnements plus ou moins heureux, mais toujours pratiques, car elles ont surtout été étudiées en vue des usages industriels auxquels elles sont destinées.

Industriellement, les applicatinos de l'électricité peuvent se ranger en trois catégories.

La première comprend les signaux et tout ce qui ressort en général de la sonnerie électrique.

Ce qui exige très peu de force motrice, 2 grammes de métal suffisant au travail effectif de ces appareils pendant une année.

Dans la seconde entrent toutes les communications télégraphiques, où les courants n'ont toujours qu'une très faible intensité, vu la résistance très grande des appareils récepteurs et des fils transmetteurs.

La réduction du métal est de 5 à 10 grammes, dans les postes intermédiaires de l'État et des compagnies de chemins de fer, et de 10 à 40 grammes dans les postes principaux.

La troisième classe comprend les moteurs électriques, la lumière, l'horlogerie et la galvanoplastie, où la dépense est toujours considérable et peut atteindre et même dépasser un kilogramme.

Il en résulte que les piles qui s'appliquent avec le plus d'avantages aux deux premières classes (qui représentent les neuf dixièmes des piles aujourd'hui en service) sont celles qui

(1) Voir le volume précédent.

fournissent le moins d'actions chimiques intérieures, tout en ayant une grande force électromotrice, mais sans qu'il soit besoin de se préoccuper qu'elles donnent plus au moins d'électricité dans l'unité de temps.

Pour la troisième classe, au contraire, les actions chimiques intérieures, peuvent toujours être négligées devant l'énorme travail que ces appareils doivent réaliser, pourvu que la quantité d'électricité fournie dans l'unité de temps soit considérable.

C'est le cas des piles à deux liquides Daniell, Grove et Bunsen et surtout de la pile Marié Davy que pourtant l'on n'emploie guère qu'en télégraphie.

PILE MARIÉ DAVY

Cet appareil est une modification d'autant plus heureuse de la pile Bunsen, qu'elle en a tous les avantages et aucun des inconvénients.

Rien n'est changé à la forme et à la disposition de chaque couple, seulement l'eau acidulée du récipient intérieur est remplacée par de l'eau pure, et l'acide azotique du vase poreux intérieur, par du sulfate oxydulé de mercure en pâte, dont la préparation ne présente aucune difficulté, puisqu'il suffit de délayer le sel, préalablement bien pulvérisé, dans de l'eau, de laisser reposer le mélange et d'employer la masse pâteuse dont on a décanté l'excès d'eau.

Les réactions s'opèrent avec le sulfate de mercure, comme dans la pile de Daniell, avec le sulfate de cuivre, avec cette différence, toutefois, que la réduction du sel ne donne pas un produit galvanoplastique, mais bien du mercure coulant, qui se détache à mesure et laisse intacte la surface du charbon qui sert de conducteur positif.

Le sulfate de mercure se dissout en partie dans l'eau qui l'imprègne et, à mesure que la partie dissoute est réduite par la production de l'électricité, elle est remplacée par d'autre, jusqu'à ce que tout le sel disparaisse.

Ce système a de plus l'avantage que, par l'effet de la dissolution du mercure et de sa transsudation à travers le vase poreux, le zinc est constamment amalgamé par les parcelles de mercure qui se déposent dessus.

Cette pile est, d'ailleurs, très commode en ce qu'il n'y a qu'à remplacer l'eau qui s'évapore et à recueillir les résidus du mercure (ce qui, dans la pratique, n'est pas aussi facile, parce que les employés du télégraphe n'en prennent généralement pas le soin).

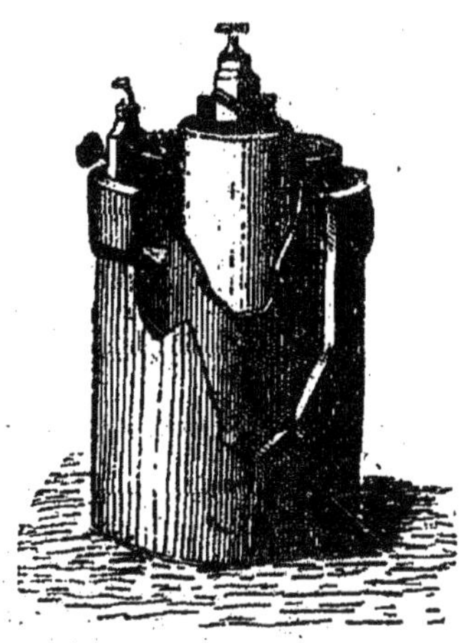

Pile Marié Davy.

Ses effets sont très puissants, puisque dans les expériences qui ont été faites sur différentes lignes télégraphiques, 38 couples de la pile Marié Davy ont toujours pu remplacer 60 couples de la pile de Daniell, d'ailleurs assez incommode, à cause de la surveillance continuelle qu'elle exige, et de la nécessité où l'on est de nettoyer les batteries tous les deux ou trois mois.

A cet avantage près, la pile Marié Davy n'est guère plus économique en télégraphie que la pile de Daniell.

Celle-ci, il est vrai, consomme de 400 à 500 grammes de sulfate par an, avec un rendement qui ne dépasse pas 10 pour cent; tandis que le rendement de la pile Marié Davy est au moins sept fois plus grand, mais le prix de revient du sulfate de mercure est six fois plus considérable, de sorte qu'il ne reste pas une différence notable, d'autant que la durée des éléments ne dépasse jamais dix à douze mois, et cela, quel que soit le peu d'importance du poste desservi.

M. Gaiffe a apporté à la construction de la pile Marié Davy une modification qui donne au courant électrique une constance plus grande, sinon presque absolue. Cette modification consiste, d'ailleurs, seulement dans la manière de charger les couples.

Au lieu d'employer le sulfate de mercure seul, M. Gaiffe le mélange de petits morceaux de coke, de la grosseur d'un grain de blé, qui diminuent la résistance intérieure du couple et augmentent considérablement la surface de son élément collecteur.

PILES LECLANCHÉ

La pile que construit M. Barbier a été spécialement étudiée par son inventeur, M. Leclanché, pour le service télégraphique où elle est aujourd'hui la plus employée, car c'est par centaines de mille que se comptent les couples actuellement en service, tant en France qu'à l'étranger.

Cette pile, bien qu'à un seul liquide, est cependant à courant constant, grâce à l'emploi du peroxyde de manganèse comme élément positif : la composition chimique de cette matière indique en effet qu'elle doit réunir toutes les qualités d'un bon conducteur : inoxydabilité, insolubilité, et une grande affinité pour les corps combustibles.

A l'origine, M. Leclanché construisait chaque couple d'abord avec un vase extérieur, dans lequel une lame ou un crayon cylindrique de zinc amalgamé baignait dans une dissolution de chlorhydrate d'ammoniaque (sel ammoniac du commerce) et avec un vase intérieur poreux, dans lequel il enfermait du peroxyde de manganèse, concassé en gros grains avec son volume égal de charbon de cornue également concassé; une plaque de charbon plongeant dans ce mélange en récoltait l'électricité positive.

Ce système donnait d'excellents résultats, ce qu'il est facile de comprendre; car le zinc se conservant indéfiniment sans altération dans la dissolution de sel ammoniac, et le peroxyde de manganèse étant complètement insoluble dans ce liquide, la pile, une fois montée, ne donne jamais lieu à aucune action chimique intérieure.

Mais l'inventeur a voulu faire mieux encore, et il y a réussi en supprimant le vase poreux qui présentait une résistance assez considérable, et en employant, au lieu du peroxyde

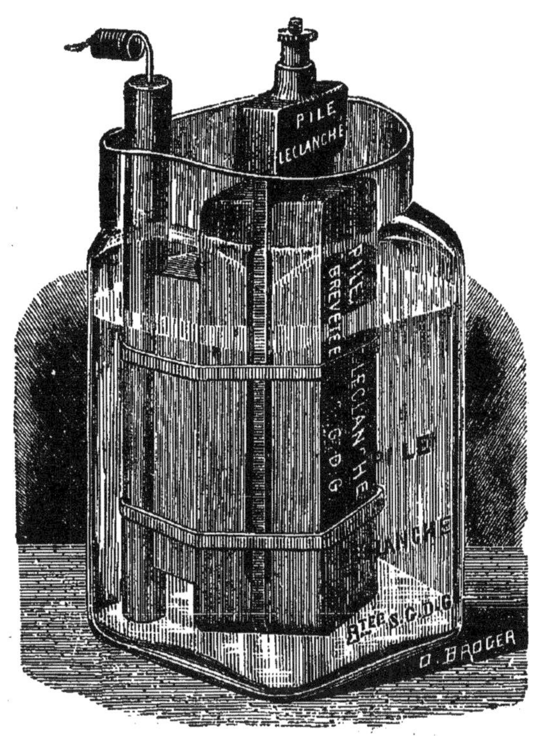

Pile Leclanché.

de manganèse en grains, pour le conducteur positif, des plaques mobiles de même matière, obtenues à une pression de plusieurs milliers de kilogrammes, dans des moules en acier surchauffés.

Ces plaques, qui selon la force des éléments, sont employées isolément, ou à deux, ou à trois, sont accolées à une lame de charbon servant de collecteur, et forment avec lui le pôle positif de la pile.

La résistance des pôles dépolarisateurs ainsi obtenus, devient alors si faible qu'un seul élément peut faire rougir un fil de platine de faible section, ce qui permet d'appliquer la pile à l'allumage des becs de gaz et de produire d'autres effets d'intensité intermittents, tels que l'inflammation des amorces de torpille, des mines, etc.

La force électromotrice de ces appareils est, d'ailleurs, considérable, puisque dans la pratique 10 éléments Leclanché peuvent remplacer pour le service télégraphique 15 éléments Daniell.

La réaction chimique qui s'opère dans ce genre de pile est facile à concevoir. Au moment où l'on ferme le courant, par la réunion des deux pôles, l'eau est décomposée, le chlore et l'oxygène se portent au pôle négatif (zinc) pour former un oxychlorure de zinc, soluble dans la liqueur ambiante, tandis que l'hydrogène et l'ammoniaque se rendent au pôle positif et y déterminent la réduction du peroxyde de manganèse, avec formation de sesquioxyde.

Les piles Leclanché se montent comme toutes les piles connues, c'est-à-dire qu'il faut pour chaque batterie distincte réunir successivement le zinc du premier élément au charbon du deuxième, dont le zinc est mis en connexion avec le charbon du troisième élément, et ainsi de suite jusqu'au dernier élément, dont le zinc reste libre, de sorte que l'on a aux deux extrémités de la batterie un pôle charbon (positif) et un pôle zinc (négatif) prêts à recevoir les fils isolés qui doivent conduire le courant.

Ces éléments sont de trois modèles : le petit, employé pour les sonneries électriques d'appartements, d'hôtels ou d'usines, n'a qu'une plaque de peroxyde de manganèse que l'on place du côté concave sur le bloc de charbon de cornue; sa charge en sel ammoniac est de 60 grammes.

Le modèle moyen, appliqués aux postes télégraphiques les plus chargés et fonctionnant même avec relais, est à deux plaques mobiles, montées une de chaque côté de la lame de charbon.

Le grand modèle, qu'on appelle élément-disque, — parce que, pouvant produire dans un temps donné de grandes quantités d'électricité, il est surtout appliqué aux sonneries des disques de chemins de fer, — a trois plaques mobiles qui entourent en triangle la plaque de charbon de cornue.

Pour cet usage spécial la pile Leclanché développe une

puissance électrique double de celle de la pile Daniell, puisque la Compagnie de Paris-Lyon-Méditerranée n'emploie aujourd'hui que 6 éléments au manganèse pour le service de ses sonneries de disques, qui nécessitaient 12 éléments de Daniell.

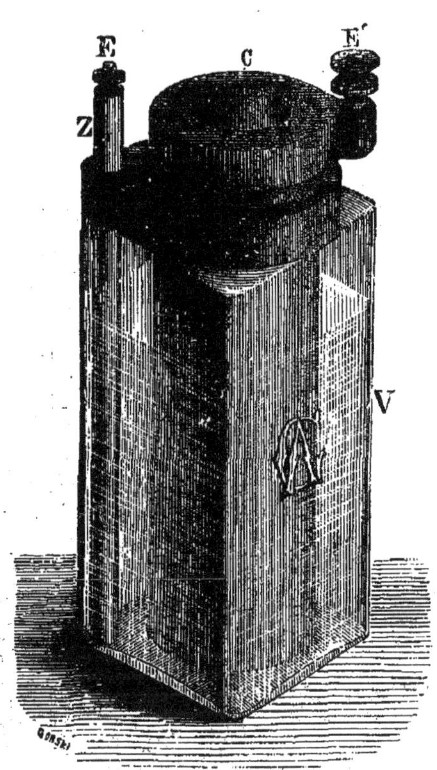

Pile au bioxyde de manganèse, de M. Gaiffe.

La pile Leclanché est, d'ailleurs, très économique; non seulement elle ne coûte pas cher d'installation, presque rien d'entretien, mais elle peut durer de deux à trois ans, selon que les postes télégraphiques, qu'elle est appelée à desservir, sont plus ou moins chargés de transmissious.

PILE GAIFFE

La pile que M. Gaiffe construit depuis le mois de janvier 1878 est une modification de la pile Leclanché, destinée à lui donner plus de durée et à rendre les couples plus faciles et moins coûteux à recharger.

Le vase poreux en terre de l'ancien système Leclanché est remplacé dans ce couple par un vase en charbon à large surface dépolarisante, que l'on peut vider et remplir de nouveau sans démonter le couple; ce vase se charge avec du bioxyde de manganèse, au lieu de peroxyde; il y a aussi une différence pour le liquide excitateur; au lieu d'être une dissolution de sel alcalin, qui a l'inconvénient de donner lieu à la formation du sel double, qu'on peut utiliser il est vrai, mais qui met quelquefois les couples trop rapidement hors de service, c'est une dissolution de chlorure de zinc qui, loin d'avoir cet inconvénient, a, au contraire, l'avantage de retarder par son avidité pour l'eau, la dessiccation du couple.

A cela près, tout se passe dans ce système comme dans celui de M. Leclanché, et le couple de M. Gaiffe n'en diffère plus que par la forme extérieure et encore fort peu, ainsi qu'on le verra par notre dessin ci-contre.

Cette pile n'est, d'ailleurs, pas la seule que construise M. Gaiffe, dont nous avons déjà signalé une modification du système Marié Davy; nous retrouverons tout à l'heure un appareil de lui, dans la série des piles à bichromate de potasse.

PILES A BICHROMATE DE POTASSE

Les appareils électriques qui rentrent dans cette catégorie sont à un seul liquide: une dissolution concentrée de bichromate de potasse, additionné de 1 pour cent d'acide sulfurique monohydraté (telles étaient du moins les proportions employées par l'inventeur Poggendorf, et le premier constructeur, M. Chuteau), ce qui ne les empêche pas de donner, au moins pour un temps, un courant d'une intensité plus grande que les piles à deux liquides.

Le couple établi par M. Chuteau se compose d'une lame de zinc, qui forme l'élément négatif, et de deux lames de charbon, reliées ensemble pour constituer le conducteur d'électricité positive.

Ces trois lames, parallèles entre elles, sont placées verticalement dans un vase où elle baignent dans le liquide excitateur dont nous avons donné la composition; la lame de zinc, placée entre les deux autres, est mobile, de façon à ce qu'on puisse l'enfoncer plus ou moins dans le liquide.

La théorie de cet appareil est des plus simples et l'on comprend que le zinc étant très vivement attaqué, il se développe une force électromotrice très grande, d'autant qu'il n'y a pas de vase poreux pour lui opposer de résistance et que le bichromate de potasse est un conducteur excellent, très riche en oxygène; il absorbe l'hydrogène autour des plaques de charbon et l'intensité du courant reste constante tant que la pile peut fonctionner, c'est-à-dire tant que l'hydrogène ne domine pas dans le liquide décomposé.

On peut, d'ailleurs, ranimer le couple en insufflant de l'air dans l'intérieur de la dissolution pour enlever l'excès d'hydrogène, qui, n'étant pas absorbé dans le bichromate, adhère au charbon et nuit à sa conductibilité; mais ce moyen n'est pas très radical; car ce n'est pas seulement l'hydrogène qui s'attache aux conducteurs positifs.

Il se forme, par la combinaison de l'hydrogène avec l'oxygène, de l'acide chromique, un sulfate double de potasse et de zinc et par suite un alun de chrome, qui, au bout d'un certain temps, recouvre les plaques de charbon d'un enduit peu conducteur qu'il faut enlever par un nettoyage. C'est l'inconvénient de ce système, mais il a disparu d'une façon plus ou moins complète, dans les modifications que nos électriciens modernes y ont apportées et dont nous allons étudier les plus connues.

PILE HERMÉTIQUE GRENET

La pile au bichromate de potasse, que construit aujourd'hui M. Magne, successeur de M. Grenet, n'est pas précisément industrielle. Elle est surtout établie pour les expériences de physique.

Elle ne diffère, du reste, de la précédente que par la disposition du récipient contenant le liquide, qui a la forme d'une bouteille recouverte d'un bouchon métallique, à travers lequel passent les électrodes, d'où son nom de pile hermétique, ou pile bouteille.

Pile hermétique de Grenet.

Comme on le voit dans notre dessin ci-dessus, elle se compose de deux plaques de charbon, au milieu desquelles est une plaque mobile de zinc, que l'on peut faire baigner plus ou moins dans le liquide excitateur, selon qu'on veut développer plus ou moins d'électricité, et que l'on peut retirer tout à fait lorsque la pile n'est pas en service ; il n'en est pas de même des charbons qui, baignant constamment dans le liquide, s'encrassent assez vite de cristaux d'alun de chrome.

PILE GAIFFE

La pile au bichromate de potasse que construit M. Gaiffe pour toutes les expériences de courte durée, et plus spécialement pour les expériences d'analyse spectrale, est appelée par lui batterie à treuil, du mécanisme, perfectionnement du système de Wollaston, qui sert à retirer du bain, d'un seul coup, tous les éléments de la batterie, et à les y replonger lorsqu'on en a besoin, plus ou moins profondément, selon l'intensité du courant que l'on veut obtenir.

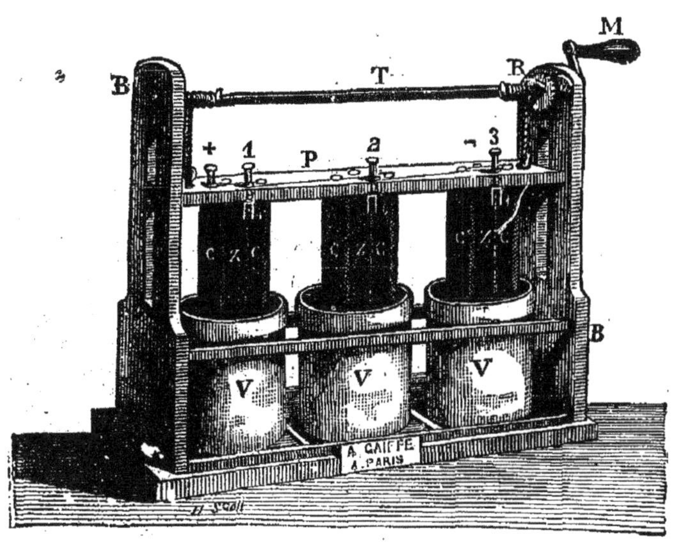

Batterie à treuil de M. Gaiffe.

Ce système à treuil est d'ailleurs employé aujourd'hui par tous les constructeurs de piles, par la raison que les éléments s'épuisant tout aussi vite, à circuit ouvert et sans fonctionner, que s'ils produisent de l'électricité, il y a tout intérêt à éviter tout contact inutile entre les plaques et le liquide excitateur.

Cet intérêt est encore plus spécial dans les piles au bichromate, où les charbons ont tant de tendance à s'encrasser.

A part cette disposition avantageuse, qui permet de prolonger la durée des couples, en limitant les réactions chimiques au temps où ils sont en service, la pile de M. Gaiffe ne diffère guère de celle de M. Chuteau.

Nous avons dit, d'ailleurs, qu'elle était surtout créée pour les opérations de courte durée et dans le but d'éviter aux expérimentateurs la peine de charger des couples, chaque fois qu'ils ont besoin de mettre une pile en service.

Ils n'ont, en effet, qu'à tourner la manivelle, indiquée par M dans notre dessin de la page 13 et la plaque de zinc et les deux plaques de charbon, qui composent chaque élément, descendent dans leurs vases respectifs, qu'on a préalablement remplis d'une dissolution de bichromate de potasse.

Notre dessin représente une batterie de trois couples, mais on comprend bien que ce nombre n'est pas exclusif, et que l'on peut grouper en batterie huit, dix éléments et plus, selon la force électromotrice que l'on veut développer.

PILE TROUVÉ

Contrairement à la précédente, la pile de M. Trouvé est surtout construite pour les usages industriels et elle présente cet avantage d'avoir une constance grandement suffisante pour les usages domestiques (production de la lumière particulièrement) tout en conservant la simplicité et l'intensité de la pile primitive.

Cet avantage résulte de la façon dont M. Trouvé prépare son liquide excitateur, de façon à lui enlever le défaut qu'il avait d'encrasser les charbons par la formation de l'alun de chrome, qui en se cristallisant dessus, nuisait considérablement à leur conductibilité et finissait même par l'annuler complètement.

Il jette dans l'eau, du bichromate de potasse en poudre, 150 et même 250 grammes pour un litre d'eau ; après avoir agité, il ajoute en versant un mince filet et très lentement jusqu'à 450 grammes d'acide sulfurique par litre, soit un quart en volume ; le mélange liquide s'échauffe peu à peu, et le bichromate, une fois dissous, reste limpide et ne dépose pas par la cristallisation en se refroidissant.

Enfin, point essentiel, même après avoir longuement fonctionné, même complètement épuisée, cette solution de bichromate acidulé ne laisse pas se former de cristaux d'alun de chrome : on n'en trouve aucune trace, même après plusieurs mois.

C'est là tout le secret de la constance de la pile Trouvé, constance absolument assurée par le fait seul que le liquide est sursaturé; tant que le bichromate en excès, et pour ainsi dire mis en réserve, n'aura pas été épuisé, la pile sera forcément constante, sauf à rentrer après dans les conditions de toutes les piles au bichromate de potasse.

Pile à treuil de M. Trouvé.

Quant à la pile en elle-même que représente notre gravure ci-dessus, nous en empruntons la description à une curieuse brochure de M. Georges Dary, intitulée la *Navigation électrique*, cette pile étant le générateur d'un moteur très intéressant :

« La pile à auges et à treuil de M. Trouvé, très répandue dans les cabinets de physique, se compose :

« 1° D'une auge en bois de chêne, munie d'autant de cuves en ébonite qu'il y a d'éléments, et surmontée d'un treuil avec rocher et encliquetage;

« 2° D'un nombre d'éléments variant de six à douze, mais plus généralement de six, pour en faciliter le maniement;

« 3° Du liquide excitateur : alcide sulfurique et bichromate de potasse, dans de nouvelles proportions (celles que nous venons d'indiquer).

« L'auge a été combinée de façon à pouvoir, au moyen du treuil, plonger les éléments dans le liquide excitateur ou les en faire complètement sortir. Il sera donc facile de varier la production d'électricité suivant le plus ou moins d'immersion. Enfin, un arrêt X, en bois, se trouve toujours prêt à empêcher les éléments de sortir complètement des cuves; en supprimant cet arrêt, en le poussant de côté, la hauteur du treuil permet de les rendre absolument indépendants, de manière à vider ou à remplir les cuves en ébonite.

« La face antérieure de l'auge est munie, à cet effet, d'une charnière qui permet dès lors de l'ouvrir et de sortir les cuvettes, sans déranger les éléments.

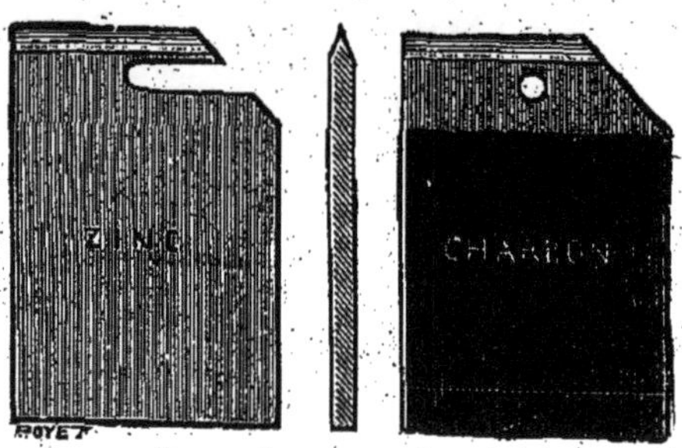

Plaques de zinc et de charbon de la pile Trouvé.

« Les éléments sont formés d'une lame de zinc et de deux charbons cuivrés galvaniquement dans leur partie supérieure (comme cela se voit sur notre dessin ci-dessus.

« Le cuivrage a pour but de consolider les charbons, matière un peu friable, et de diminuer considérablement la résistance du circuit extérieur de la pile, en augmentant la conductibilité du charbon.

« Le zinc amalgamé présente à sa partie supérieure une encoche qui sert à le fixer à l'axe métallique, recouvert d'une chemise en caoutchouc, sur lequel repose tout le système ; cette encoche permet de déplacer très rapidement les zincs, soit pour les amalgamer, soit pour tout autre motif.

« Enfin, les contacts sont établis par des pinces mobiles d'un modèle fort ingénieux, spécial à M. Trouvé, et déjà employé depuis de longues années pour sa pile galvanocaustique. »

Nous ne nous occuperons pas ici de cette pile galvano-caustique, créée seulement pour les applications médicales, et ce que nous allons dire maintenant concerne le travail et la dépense de la pile à auges.

Nous rappellerons d'abord que les matières : sels, métaux ou acides, qui entrent dans une pile, étant nécessairement et malgré toutes les précautions, plus ou moins impures, il arrive que les corps étrangers donnent naissance à des couples locaux dont les courants partiels vont souvent à l'inverse du courant principal, et plus la pile dure longtemps, plus ces actions contraires s'accentuent et produisent des résistances de plus en plus appréciables et nuisibles.

Il y a donc grand avantage à dépenser le plus rapidement possible tout le travail utile, et à profiter du maximum d'intensité ; d'ailleurs le principe, qui est si vrai dans la mécanique trouve ici son application : c'est que l'on gagne en intensité ce qu'on perd en durée.

En effet, une pile ne contient toujours qu'une somme fixe d'énergie qui se déploie sous forme d'électricité ; il est évident que, si l'on consomme cette énergie avec une grande rapidité le fonctionnement durera moins longtemps ; et en même temps les actions nuisibles auront moins le temps de se développer.

C'est sur ce principe qu'est basée la pile de M. Trouvé, utilisée surtout pour la production de la lumière, et pour l'alimentation d'un moteur électrique, qui donne de bons résultats pour la navigation de plaisance.

PILE HUMIDE

M. Trouvé, qui est un chercheur infatigable et que son nom semble avoir prédestiné à réussir, construit beaucoup d'autres genres de piles ; nous n'en citerons que deux parce qu'elles présentent des dispositions nouvelles, et qu'elles ont des applications curieuses : la pile humide destinée à la télégraphie militaire, et la pile de poche avec laquelle on éclaire les bijoux lumineux qui font un si grand effet au théâtre.

La pile humide de M. Trouvé est en quelque sorte une pile de Daniell, qui, entre autres avantages, a celui de fonctionner sans liquide, du moins sans liquide libre, pouvant se renverser ou fuir des vases qui le contiennent.

Comme on le voit par notre dessin de la page 18 la disposition est d'ailleurs tout autre.

Chaque élément est composé d'un disque de zinc Z, et d'un disque de cuivre C, placés parallèlement l'un à l'autre et séparés par une pile de disques de papier, d'un diamètre un peu moindre (disposition de la pile sèche). Cette masse de papier peut absorber beaucoup de liquide, et rester humide pendant un temps très long, surtout dans les conditions pratiques que nous allons indiquer.

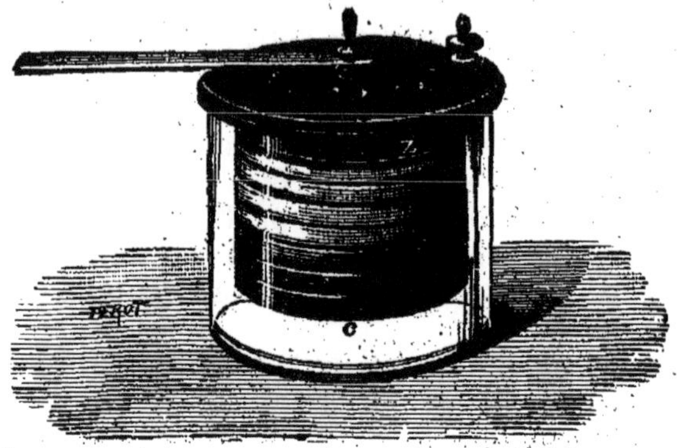

Pile humide de M. Trouvé.

La moitié inférieure des disques de papier est imbibée d'une solution saturée de sulfate de cuivre, la moitié supérieure d'une solution de sulfate de zinc.

On a donc ainsi tous les éléments d'une pile de Daniell ordinaire, dans laquelle les deux liquides restent beaucoup mieux séparés qu'ils ne le sont par les vases poreux. Avec cette disposition, l'usure du sulfate de cuivre ne se produisant guère que par suite du passage du courant, on n'a plus l'inconvénient de la perte du travail, le plus grand défaut de la pile de Daniell.

Le disque de cuivre est maintenu au centre par une tige, isolée des rondelles de papier et de zinc : elle dépasse la table d'ardoise qui surmonte l'élément et qui sert de couvercle au vase de verre ou d'ébonite dans lequel on place le couple, pour le préserver du contact de la poussière et aussi des courants d'air qui accéléreraient l'évaporation des liquides excitateurs.

Ainsi constitué, l'élément peut fonctionner pendant plus d'une année, sans qu'on ait besoin de s'en occuper : il va sans dire qu'après un temps plus ou moins long, selon l'activité du travail qu'on fait faire à la pile, elle finit par s'épuiser; le sulfate de cuivre se trouve réduit, et la pile, après s'être affaiblie, cesse de fournir un courant sensible; mais avant ce terme il est bien facile de recharger l'élément.

Cette opération, qui ne demande qu'un peu de soin, consiste à tremper dans une solution, chauffée et saturée de sulfate de cuivre, la partie inférieure de l'élément; on prépare cette solution dans une cuvette de cuivre faite exprès; elle s'élève jusqu'à un niveau marqué. Le couvercle de l'élément porte sur le bord de la cuvette, de telle sorte que le papier s'imbibe jusqu'à la hauteur voulue sans qu'on ait à la chercher.

Pile militaire de M. Trouvé.

Quant au sulfate de zinc, comme il se forme constamment par l'action de la pile, il n'y a jamais à en remettre; c'est le zinc qui s'use, et qui au bout d'un certain temps demande à être remplacé. On renouvelle en même temps le papier; le cuivre, au contraire, pourvu qu'il soit débarrassé des parcelles pulvérulentes déposées par l'action du courant, peut servir indéfiniment, comme les autres parties de la pile.

Tel est l'élément humide, du nom que lui a donné l'inventeur, dénomination rigoureusement exacte d'ailleurs tandis que le nom de *pile sèche*, qui a cours dans l'enseignement classique, est inexact appliqué aux piles Zamboni, qui n'agissent réellement qu'en raison de l'humidité qu'elles absorbent.

Pour l'application à la télégraphie militaire, essentiellement mobile, les éléments humides de M. Trouvé se réunissent en pile très portative, puisqu'elle n'est pas plus embarrassante et aussi facile à porter que le sac d'un soldat, dont elle emprunte d'ailleurs la forme, comme on peut le voir par nos dessins des pages 19 et 21.

Elle se compose de trois boîtes superposées, dont chacune contient trois éléments. Ces boîtes sont faites en caoutchouc durci et le couvercle, auquel sont attachées les trois éléments, est en ardoise. Du reste l'absence de liquide dans l'appareil permet de transporter la boîte sans la moindre précaution, inclinée sur le côté ou même, et sans aucun inconvénient, mise à l'envers dans les voitures de transport.

Il va sans dire que ce système, applicable à la télégraphie militaire, le sera tout aussi bien pour la télégraphie portative, sur les trains de chemins de fer, le jour où l'on se décidera à installer des appareils télégraphiques sur les trains en marche, ce qui diminuerait sensiblement les causes d'accident et permettrait d'avoir du secours beaucoup plus tôt.

PILE CLORIS BAUDET

Avec la pile de M. Cloris Baudet, nous rentrons dans l'industrie proprement dite, car en raison de l'économie qu'elle présente (chaque élément ne dépense qu'un centime par heure de travail effectif), ses applications, très communes, aujourd'hui, sont surtout industrielles.

Ce générateur d'éléctrité tient le milieu entre les piles à deux liquides et les piles au bichromate que nous venons de passer en revue, ou pour mieux dire il peut les remplacer toutes les deux, parce bu'il procède de l'une et de l'autre.

C'est, du reste, une pile à deux liquides que l'inventeur appelle pile impolarisable et dont le principe fondamental se réduit à ceci :

1 Réservoir d'acide, pour servir à la reconstitution ou au maintien du dosage acidulé du bain, au fur et à mesure des combinaisons chimiques de la pile, pendant le travail;

2° Réservoir de cristaux pour maintenir constamment le

bain en état de saturation de leur principe, à mesure que la pile travaille ;

3° Petite surface de zinc plongée dans le liquide de vase poreux ;

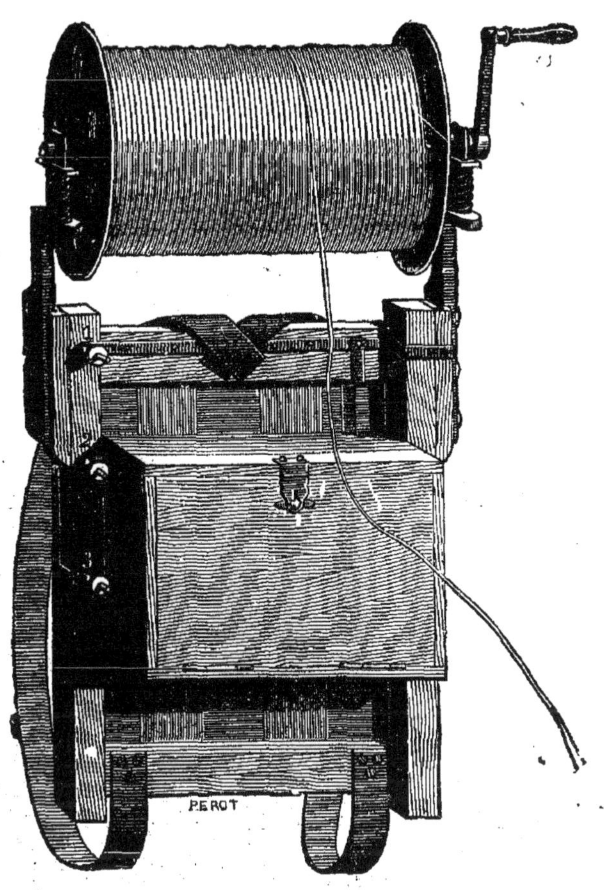

Système de télégraphie militaire de M. Trouvé. La bobine et la pile.

4° Grande surface de charbon plongée dans un autre liquide, en dehors des vases poreux.

Ces dispositions, ainsi que le choix des liquides employés, donnent à la pile impolarisable des propriétés de tension, de quantité et de constance tout à fait remarquables.

Voici, d'ailleurs, comment M. Cloris Baudet dispose ses éléments ; car il a six modèles, selon destination et selon puissance.

ÉLÉMENT N° 1.

Ce modèle, plus spécialement destiné aux transmissions télégraphiques, à la sonnerie et à l'horlogerie électrique, est composé, comme on le voit par notre dessin ci-dessous qui le montre d'ensemble, et dans ses détails :

1° D'un vase de verre rectangulaire, de 20 centimètres de hauteur, sur 10 et 12 de côté ; sa contenance est d'un litre de vin.

2° D'un vase poreux à trois compartiments, savoir : celui du milieu, B, qui contient le zinc, plongeant dans le liquide

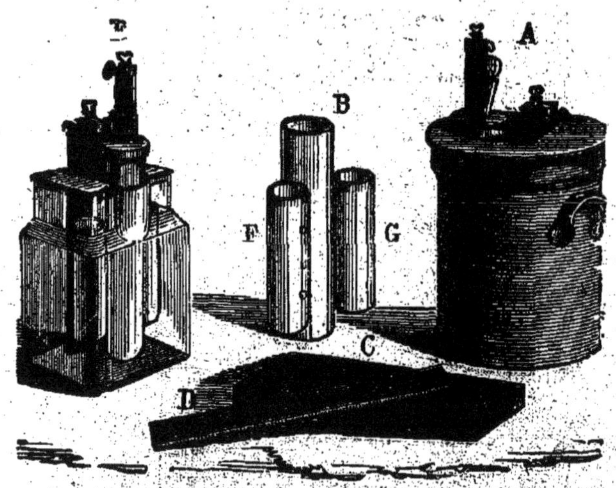

Piles Cloris Baudet. Types n°s 1, 2 et 3.

excitateur le vase F troué, et qui est destiné à servir de réservoir de cristaux de bichromate de potasse.

Le vase G, non troué, qui sert de réservoir d'acide sulfurique.

3° Une lame de zinc D.

4° Un charbon C, d'un volume beaucoup plus considérable qui doit baigner dans la dissolution de bichromate de potasse contenue dans le vase de verre, comme on le voit par la figure d'ensemble E.

PILES N°s 2 ET 3

Ces générateurs, qui ne diffèrent que parce que le premier n'a qu'un charbon, tandis que le second en a deux, sont appliquables à la galvanoplastie industrielle, nickelage, dorure et argenture et même à la mise en actions des moteurs électriques. Ils se composent (voir notre dessin ci-dessous) d'un vase en grès. A. de 20 centimètres de diamètre sur 25 centimètres de hauteur, d'une contenance de 6 litres.

Et du vase poreux à trois compartiments du modèle précédent, et des éléments zinc et charbon, dans les mêmes proportions.

Dans la pile à deux charbons, qui fournit plus d'électricité, mais est d'une moins grande durée, les deux charbons sont reliées ensemble par une lame de plomb.

PILES N°s 4, 5

Ces deux modèles, applicables surtout à la production de la lumière, sont de même aspect, et ne diffèrent que par les dimensions.

Piles Cloris Baudet à 4 réservoirs.

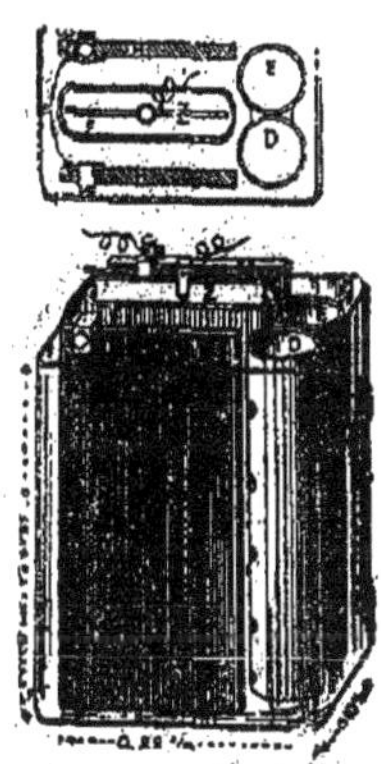

Piles Cloris Baudet à 2 réservoirs.

Ils se composent : 1° d'un vase rectangulaire droit, 2° d'un vase poreux dans lequel plonge le zinc ; 3° de deux réservoirs en terre poreuse, soudés ensemble, dont l'un, troué, est pour les cristaux de bichromate de potasse, et l'autre, non troué, est pour l'acide sulfurique.

Ils sont à deux charbons réliés ensemble.

PILE No 6

La pile n° 6 est à quatre réservoirs disposés symétriquement, comme on le voit par notre dessin de la page 23.

Les doubles générateurs qui la composent concourent à la reconstitution du bain, au fur et à mesure des combinaisons chimiques intérieures.

Quant à la disposition, c'est la même que dans les piles précédentes.

Cette disposition, a été adoptée pour qu'il soit plus facile de réunir les éléments par batteries de six, comme on le voit par notre dessin ci-dessous.

Batterie de 6 éléments impolarisables, de Cloris Baudet.

Il est, en effet, plus commode de ranger en ligne des vases rectangulaires que des vases cylindriques, qui, d'ailleurs, tiennent beaucoup plus de place.

Ces éléments, que l'on pourrait grouper en plus grand nombre, sont dans une caisse à l'extrémité de laquelle existe un système de crémaillère, qui supporte une tringle transversale, à laquelle les zincs sont suspendus au-dessus de leurs vases respectifs, et que l'on peut monter et baisser à volonté suivant l'intensité que l'on veut produire, et même enlever tout à fait quand la pile n'est pas en service ; ce qui est indispensable si l'on ne veut pas qu'ils s'usent à ne rien faire.

La théorie de ce système est celle de toutes les piles à deux liquides.

Les charbons et le zinc de la pile impolarisable plongent dans deux liquides de différentes natures : la dissolution de bichromate de potassse, dans laquelle baignent les charbons, est l'élément dépolarisant ; le zinc plonge dans une dissolution d'eau acidulée au vingtième avec de l'acide sulfurique.

Quant à la pratique, voici les renseignements que donne M. Cloris Baudet pour la manipulation :

1° Faire dissoudre dans un litre d'eau chaude, 100 grammes de bichromate de potasse et 100 grammes de chlorure de sodium, sel de cuisine. Après refroidissement de cette dissolution, l'aciduler avec 110 grammes d'acide sulfurique du commerce à 66 degrés et la verser ensuite dans le vase extérieur de la pile.

2° Préparer les vases poreux ; remplir le compartiment troué avec du bichromate de potasse rouge en cristaux, remplir l'autre compartiment, non troué, avec de l'acide sulfurique du commerce, et verser dans le compartiment du milieu, où l'on fera baigner le zinc, le liquide excitateur, eau acidulée avec 50 grammes d'acide sulfurique par litre.

3° Introduire ce vase à trois compartiments dans le liquide du vase extérieur, de façon que les réservoirs, moins hauts que le compartiment du milieu, en soient recouverts, afin d'éviter l'appauvrissement de l'acide sulfurique du réservoir, par l'action hygrométrique. En raison de la différence de densité, il n'y a pas de mélange. L'acide suinte lentement à travers les pores du vase et maintient le bain dosé, à mesure des combinaisons produites par le travail de la pile. Le bichromate se dissout au fur et à mesure des combinaisons et maintient le bain saturé de son principe.

Il ne reste plus qu'à placer le ou les charbons dans le vase extérieur ; s'il y en a deux on les place l'un de chaque côté du vase poreux. On fixera au préalable les pinces en cuivre aux électrodes zinc et charbon.

Il est recommandé, afin d'éviter l'oxydation de la pince à charbon par les acides grimpants, d'interposer entre la pince et le charbon une petite feuille de plomb ; car l'oxyde de cuivre n'étant absolument pas conducteur, lorsque les pinces en cuivre sont oxydées, la pile perd les deux tiers de son énergie.

Pour mettre une batterie en service, il faut monter les couples en tension; pour cela, si l'on a 2, 4, 6, 10 ou 20 éléments, le point de départ, ou pôle positif de la batterie, est le charbon du premier élément; le zinc de cet élément est relié par un fil conducteur au charbon de l'élément suivant et ainsi de suite, en procédant de même sur chaque élément jusqu'au dernier, en les rattachant tous du zinc de l'un au charbon de l'autre; c'est le zinc du dernier élément de la batterie qui constitue le pôle négatif.

C'est, d'ailleurs, la disposition commune à toutes batteries électriques.

PILES CHARDIN

Les piles que construit M. Charles Chardin, organisateur et naturellement fournisseur du service d'électricité dans tous les hôpitaux relevant de l'Assistance publique, sont pour la plupart, les génératrices d'appareils électro-médicaux aujourd'hui fort répandus.

Cependant il en a quelques-unes qui ne rentrent pas dans cette spécialité et qu'à cause de cela nous allons étudier.

PILE A SACS MOBILES

La pile à sacs mobiles de M. Chardin est une modification de la pile Leclanché; elle a les mêmes principes et la même puissance, mais une disposition toute différente, par la raison que M. Chardin ne croit pas à l'efficacité des agglomérés de peroxyde de manganèse et de charbon concassé; il leur préfère les produits naturels, dont la surface seule est modifiée par la meule, et dont la masse est à l'abri de toute falsification.

En conséquence, il constitue un élément positif par un charbon central, plongeant dans deux sacs contenant du peroxyde de manganèse et du charbon concassé, en quantité plus considérable que dans les agglomérés, et dont la masse tout entière est utilisée par la perméabilité facile de la toile.

C'est en somme, sauf le vase poreux qui est remplacé par

des sacs, évidemment plus perméables, la première manière de Leclanché; elle en a tous les avantages et ne possède pas l'inconvénient de la seconde, dont les agglomérés ne peuvent être utilisés qu'à la surface, conséquence fatale de l'agglomération à haute pression.

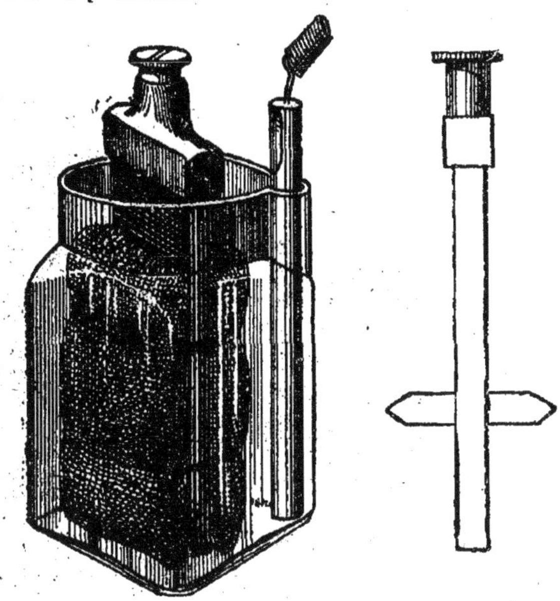

Pile à sacs mobiles de Chardin.

L'adhérence, entre le charbon central et les sacs, est rendue parfaite au moyen d'un charbon horizontal, qui pénètre dans les sacs et fait corps avec leur contenu.

Enfin, par certaines précautions de fabrication, la pile ne produit ni sels grimpants, ni végétations intérieures qui nuisent tant au fonctionnement de certains autres systèmes.

PILE AU SULFATE DE CUIVRE

Cette pile que M. Chardin construit depuis longtemps n'a jamais été abandonnée; malgré les théories nouvelles, elle s'emploie encore beaucoup en batterie, disposée comme on le voit dans notre dessin de la page 28 pour alimenter des appareils à courants continus.

C'est une pile à deux liquides, mais avec des dispositions absolument inverses de toutes celles dont nous avons déjà parlé, en ce sens que c'est le zinc qui baigne dans le vase poreux, entouré d'un matelas de soufre sublimé, qui à pour but de s'opposer à la formation des aiguilles de cuivre, qui cherchent toujours à réunir les pôles.

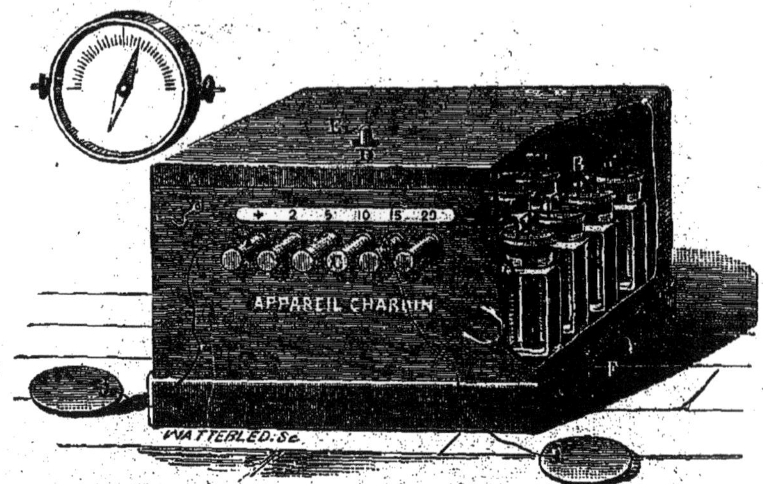

Pile au sulfate de cuivre Chardin.

Quant au cuivre, qui constitue le pôle positif, il trempe dans l'eau, saturée progressivement avec des cristaux de sulfate de cuivre.

Une pile ainsi constituée donne des courants relativement faibles, mais constants pendant six à huit mois.

PILE AU BISULFATE DE MERCURE

Cette pile, appelée aussi pile à flotteurs, est basée sur un principe nouveau, qui paraît devoir être fécond en heureux résultats : Nous en représentons un couple dans le dessin ci-contre.

Il se compose essentiellement d'une éprouvette V plus haute que large, contenant des flotteurs en liège LL, le sel excitateur qui est du bisulfate de mercure et l'eau.

Les éléments (zinc et charbon), qui constituent les pôles, négatif et positif, sont vissés sous une planchette M.

Quand l'élément est chargé, les flotteurs L remontent à la surface, et le flotteur supérieur se trouve au niveau d'un petit trait marqué dans le verre et qui sert de mesure.

Dans cette situation, que les flacons se soulèvent, la planchette M restant fixée sur la boîte, ou qu'ils reçoivent la planchette M, les flotteurs, poussés par le zinc et le charbon s'enfoncent dans le liquide. Le liquide remonte à la surface, et comme les éléments trempent dedans, l'appareil fonctionne.

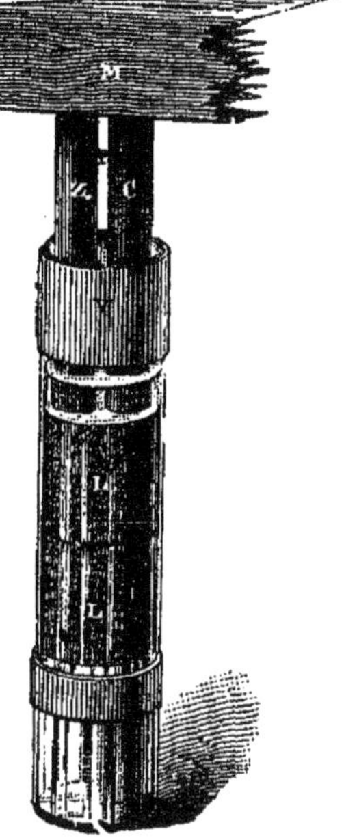

Vient-on à rendre leur liberté aux flotteurs, soit en laissant retomber les flacons (dans la première disposition), soit en retirant la planchette (dans la seconde), ils remontent à la surface pour fermer le flacon.

Cette fermeture, qui met automatiquement l'appareil au repos, est le résultat d'un effet de capillarité entre les flotteurs et les parois du verre; le principe nouveau dont nous parlions plus haut.

Cette pile, dont la puissance est d'autant plus considérable que la résistance intérieure est nulle, se groupe en batteries portatives dans des boîtes qui contiennent un nombre plus ou moins considérable d'éléments, selon la puissance des courants continus que l'on veut obtenir.

PILE SECONDAIRE DE PLANTÉ

C'est avec cette pile que nous terminerons notre revue, car ce n'est pas absolument un générateur, c'est le point de départ, des appareils appelés *accumulateur*, dont on a peut-être beaucoup trop parlé comme transmetteurs et distributeurs électriques de la force.

On l'appelle, du reste, communément accumulateur, bien que son inventeur lui ait donné le nom de *pile secondaire*. Par le fait, il semble bien accumuler la force motrice et joue vis-à-vis des piles électriques exactement le même rôle que la bouteille de Leyde à l'égard des machines à frottement, mais, en réalité, il n'y a pas d'électricité accumulée sous sa propre forme, et celle qu'on y emmagasine se dépense à produire un état chimique, qui la reproduira en se détruisant, comme on va le voir tout à l'heure.

L'appareil Planté se compose d'un recipient en verre ou en gutta-percha, dans lequel on place deux lames de plomb enroulées en spirale, de manière à tenir le moins de place possible, tout en développant une surface relativement grande.

Ces spirales sont maintenues parallèles entre elles, par deux cordes isolantes de caoutchouc, enroulées en même temps, et baignent dans de l'eau additionnée d'un dixième d'acide sulfurique à 66 degrés.

Le vase est fermé par un bouchon cacheté percé d'un petit trou, qui donne d'abord passage au liquide et ensuite aux gaz qui se forment pendant la charge de la pile, le tout est couronné d'un couvercle de caoutchouc durci, portant deux attaches qui communiquent aux deux électrodes, devant servir à charger la pile.

Opération très facile, puisqu'il suffit de mettre les fils conducteurs d'une pile ordinaire, de quelque système qu'elle soit, ou de tout autre générateur électrique, avec les deux feuilles de plomb.

Au bout d'un certain temps, l'appareil Planté est chargé, c'est-à-dire aussitôt que l'eau est assez décomposée pour qu'il se soit déposé de l'hydrogène sur les lames négatives et que l'oxygène ait oxydé les lames positives.

Alors, si la pile active est supprimée, on peut obtenir avec la pile secondaire un courant puissant, car la recombinaison qui s'effectue entre l'oxyde de plomb, et l'hydrogène, a une action chimique très énergique, et par suite, développe une source intense d'électricité.

Malheureusement cette action ne peut durer longtemps; car la pile secondaire ne peut que restituer, par un autre courant, l'électricité qu'elle a reçue de la pile active, et à moins de lui donner un volume relativement considérable, ce qui est difficile à cause de la pesanteur du plomb, son action est assez limitée.

LUCIEN HUARD.

TABLE DES MATIÈRES

Sceaux. — Imp. Charaire et Cie.

www.ingramcontent.com/pod-product-compliance
Ingram Content Group UK Ltd.
Pitfield, Milton Keynes, MK11 3LW, UK
UKHW021030200726
13857UKWH00004B/1680